THE FAMOUS DESIGN

一册在手，跟定百位顶尖设计师！ 家装设计的创意宝典
不可不看的家装风格大全

现代中式

ming —— jia —— she —— ji

本书编委会·编

中国林业出版社
China Forestry Publishing House

图书在版编目（ＣＩＰ）数据

名家设计样板房. 现代中式 /《名家设计样板房》
编写委员会编. -- 北京 : 中国林业出版社,2014.3
　　ISBN 978-7-5038-7411-6

　　Ⅰ.①名… Ⅱ.①名… Ⅲ.①住宅 - 室内装饰设计 -
图集 Ⅳ.①TU241-64

中国版本图书馆CIP数据核字(2014)第048032号

策　　划：金堂奖出版中心
编写成员　张寒隽　张　岩　鲁晓辰　谭金良　瞿铁奇　朱　武　谭慧敏　邓慧英
　　　　　陈　婧　张文媛　陆　露　何海珍　刘　婕　夏　雪　王　娟　黄　丽

中国林业出版社·建筑与家居出版中心
策　　划：纪　亮
责任编辑：李丝丝
文字编辑：王思源

出版：中国林业出版社（100009 北京西城区德内大街刘海胡同7号）
网站：http://lycb.forestry.gov.cn
E-mail：cfphz@public.bta.net.cn
印刷：北京利丰雅高长城印刷有限公司
发行：中国林业出版社
电话：（010）8322 5283
版次：2014年5月第1版
印次：2014年5月第1次
开本：1/16
印张：10
字数：100 千字
定价：39.80 元

由于本书涉及作者较多，由于时间关系，无法一一联系。请相关
版权方与责任编辑联系办理样书及稿费事宜。

THE FAMOUS DESIGN

一册在手，跟定百位顶尖设计师！ 家 装 设 计 的 创 意 宝 典
不 可 不 看 的 家 装 风 格 大 全

现代中式

ming → jia → she → ji

让时间放慢脚步
Let Time Slow Down

项目名称：让时间放慢脚步 / 项目地点：福建福州市 / 主案设计：朱林海
设计公司：福州大成室内设计有限公司 / 项目面积：700平方米

- 大量的留白和精致的装饰，多处的借景和大小空间的对比，塑造一个极具变化的空间
- 大量天然材料的运用，体现质朴、环保

　　从为业主打造一个浮躁都市的心灵栖息地为出发点。身在都市却能感受到一份身心的放松，把人与自然紧紧的捆绑在一起。

　　融合东方的禅境与西方的舒适性为一体，打造一个放松的空间。通过大量的留白和精致的装饰，多处的借景和大小空间的对比，塑造一个极具变化的空间。

　　通过大量天然材料的运用，体现质朴、环保的设计理念。

　　让业主和许多的观摩者有一种放松的感觉，在这个空间里，似乎时间放慢了脚步，浮躁的心得到一丝抚慰。

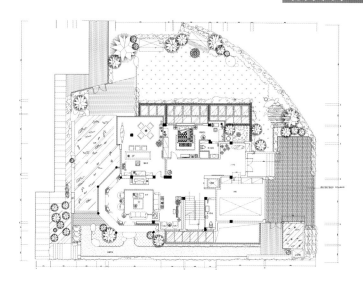

一层平面图

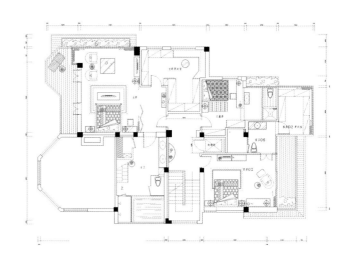

二层平面图

静境
Static Space

项目名称：静境 / 项目地点：台湾台北县 / 主案设计：虞国纶 / 设计公司：格纶设计工程有限公司 / 项目面积：231平方米

■ 抬升的空间，让室外的绿意直接地引入室内，成为生活的背景
■ 强调轴线的串联，空间中的垂直动线，自然成为一个重要的设计元素
■ 透过开口的处理变化，形成开放式的视觉效果，解决原始建筑物不良的采光

隐藏的视线经由抬高的结构隐现在空间之中，室外的绿意透过遮滤后的光线引入室内形成一个凝结的视线。从原本错置的零碎高低变化中，透过抬升的方式整合成为一个单纯的整合平面。

抬升的空间，让室外的绿意直接地引入室内，成为生活的背景，室外的庭园成为空间的一部分，单纯的整合平面，强调出公共空间的连接性。连续而延伸，垂直水平的线条引导，强调轴线的串联，空间中的垂直动线，自然成为一个重要的设计元素。

利用铁架与石材的转折变化，扶手与量体结构转换出不同型态的空间比例，原本建筑物封闭退缩的空间，透过开口的处理变化，形成开放式的视觉效果，解决原始建筑物不良的采光。

空中庭园的设计，以桁架隔栅结构搭配简约的几何造型，成为一种简练的景观造景，纯粹过后的设计手法，重新组构了一个在都市中难得的涵养尺度，让我们回归宁静的生活空间。

一层平面图

二层平面图

墨香

Ink

项目名称：墨香 / 项目地点：浙江杭州市 / 主案设计：夏伟 / 设计公司：杭州辉度空间室内设计 / 项目面积：120平方米

■ 将多种材质结合在一起，融入中式元素与符号
■ 以舒适时尚的设计手法表达脱俗、清雅，充满静谧柔和的美
■ 地毯砖、竹纹板的使用，得到了不错的效果

全世界都在流行中国风，本案以现代城市休闲风为基调，将多种材质结合在一起，融入中式元素与符号，以舒适时尚的设计手法表达着脱俗、清雅，充满静谧柔和之美，体现居住主人对空间文化的独特品味和气质。做时尚优雅的中式风格。改变了原有建筑结构的分布，在空间整体、储藏和采光通风性上大大增强。地毯砖、竹纹板在案例上首次使用，得到了不错的效果。

梦想·家
Dream & Home

项目名称：梦想·家 / 项目地点：广东省肇庆市 / 主案设计：陈俭俭 / 项目面积：298平方米

   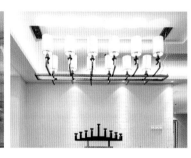

- 大空间，大视野
- 冬暖夏凉，满足生活梦想
- 简练元素的协调统一

　　星湖美景尽收眼底，成就一个梦寐以求的家。全屋多个房间可欣赏星湖的自然景观，充足的采光度及良好的通风效果，冬暖夏凉的居住环境是都市人梦想中的家。

　　全屋设计焦点落于6米高的中空客厅，利用竖条木肋元素贯通至玄关、餐厅、厨房，使首层各空间更具统一性。简练的线条配搭木纹石。将室外湖景引入室内，开阔的视野是本案的特色之一。

　　主人套房是本户型其中的一个独特之处：位于夹层，连同书房，使业主在独享之余，兼具私密性，提升主人空间的优越感；二层增设卫生间，满足套房需求。

　　全屋以柚木饰面及实木线条搭配米色调麻质墙纸。重点区域以大纹理银海浪石材作主要装饰面，其石材纹理的中国吉祥物"祥云"寓意：缘源共生，和谐共融。

　　此复式样板房拥有多个露台，悠闲区，以现代中式为展示主题，结合休闲、娱乐，使业主能够充分享受该户型附近的优美生态环境，从而达到理想的展示效果。

沉潜黎香湖

Li Xiang Lake

项目名称：沉潜黎香湖 / 项目地点：重庆南川黎香湖镇 / 主案设计：琚宾
设计公司：HSD水平线空间设计 / 项目面积：650平方米

- 归隐湖畔的田园意境
- 中国气质之美的材质搭配
- 多元而复杂的空间探索

　　该项目位于黎香湖这样一个现代桃源。我们用回归自然的东方美学表达其沉潜而温润的空间气质，以东方当代的度假生活为设计引导，形成扎根传统的共识，让人们在快节奏的生活中也能找到一分隐在湖边，归在田园的宁静。

　　设计中把宋代文化意境作为我们设计的灵魂，以"重回经典，回归传统"为方向，将自然的意境与当下的生活方式结合，将文化精髓元素融入生活，形成静谧悠然的心境和多元与复杂并存的"集古"气质。

　　设计者对空间复杂性的解读和对空间多元设计的探索，不是简单的符号堆叠，而是从传统文化中提取精神元素，通过高科技、高技术的手法，将东西方元素融合在一起，以强烈的现代气息引发人们共鸣，营造一种大隐于市的世外桃源意境。

　　空间中使用了一系列中国气质之美的材质：枯山水的禅意、木质的典雅、石质与金属线条大量运用于细节的勾勒处，在视觉上形成连贯的引导符号，也悄然流露出东方人的细腻与严谨。

禅意东方
Zen Oriental

项目名称：禅意东方 / 项目地点：苏州 / 主案设计：韩松 / 设计公司：深圳市昊泽空间设计有限公司 / 项目面积：500平方米

■ 现代中式生活的悠然情怀
■ "立体院落"与丰富的空间层次
■ 室内外空间园林景观的互动与对话

这次的项目位于苏州太湖度假区，距太湖约180米。地块南侧直面太湖，紧邻太湖文化论坛，项目整体的形象定位为现代中式。

写意人生，闭门即深山，心静遍菩提。

通过"立体院落"的概念，解决了通风采光问题，丰富建筑空间的层次，使建筑空间拥有"一天一地"的体验式独享园林，强化了"东方院落"住宅的品质感；同时注重室内外空间园林景观的互动与对话，做到移步换景，将有限的建筑园林景观资源做到最大化：我们给的是一种生活方式。

一层平面图

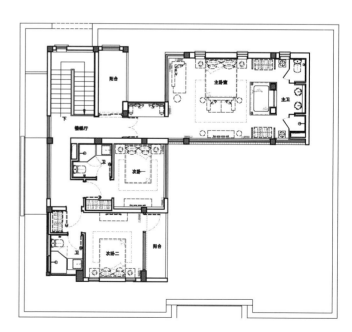

二层平面图

千灯湖

Qiandeng Lake

项目名称：千灯湖 / 项目地点：广东佛山 / 主案设计：琚宾 / 项目面积：300平方米

■ ARTDECO建筑风格与古典精髓的碰撞
■ 国际面孔与东方气质的和谐统一

归塑居住空间本质，如阳光、水体、绿植、自由的空气、愉悦、美好等等有形和无形的体。

延续建筑ARTDECO的建筑风格，承载古典精髓。

室内空间的设计在解决了功能合理性之后，如何去建构东方思想中的气质美学，如何将这种美学转化在空间之中，文化的气质与功能形式的建构内在秩序的一致性。

在陈设配饰上，以东方文化背景为出发点，通过不同程度和力度使用东方元素（竹、瓷器、王怀庆的绘画、丝绸面料等等），而达到颠覆大家对原有的常规看法，显为材质本身和背景的对比，以及文化属性的传递，使其在拥有国际面孔的同时依然带给居住者东方式情感的体验。探寻东方空间的气质美学，着重的是文化氛围和精神归属感的营造。

静聆风吟

Silently Listening to the Wind

项目名称：静聆风吟 / 项目地点：福州泰禾红树林 / 主案设计：郑杨辉 / 设计公司：福州创意未来装饰设计有限公司
项目面积：180平方米 / 主要材料：方钢，浅灰色玻化砖，得高软木

■ 肌理和色彩散发内敛的东方尊贵
■ 互动和开敞营造从容的空间气质

　　每个人的心里都装着一个关于家的梦想，看着城市中亮起的万家灯火，只有家的温暖最贴近我们的心灵。"静聆风吟"是一位儒雅成功人士对自己寓所的期盼，因而新东方淡淡散发的内敛尊贵和淡定从容的空间气质是设计师要表达的空间目标。

　　平面动线上的规划：将原有的入户划归为餐厅空间，做到餐厅和厨房空间的直接互动，引入了光线和通风。客厅区域和半敞开的书房空间最大限度容纳了家人沟通互动的空间场景。

　　空间气质的表达：2700摄温的暖色灯光；直线造型的空间规划整合，材质单一性和变化性的整合，在肌理质感和色彩的协调下构建的空间的骨架；而河流沉淀树木的抽象画，"静聆风吟"的屏风，紫砂茶道等在空间中弥漫，潜入心里，诉说新东方的空间气质意境。

设即空

Emptiness

项目名称：设即空 / 项目地点：福建福州 / 主案设计：周少瑜
项目面积：160平方米 / 主要材料：罗马利奥瓷砖，大自然地板，亨特窗帘，挪亚家家俱

■ 各空间的融通贯穿，透出幽幽禅意
■ 大量使用背光源，营造出绿洲般的心灵归宿
■ 材料上选用了普通的灰砖、金刚板、原市、墙纸

　　本案为160平方米的单元住宅，业主为中年人，喜爱东方文化，要求我们给营造个简约又不失奢华，安定祥和，一种能让人回到家心就能静下的空间。

　　为营造这种氛围，在设计中，空间上大胆规划，在满足舒适安静的睡眠空间前提下，在公共空间上创新，用简单的设计符号，用传统移步换景的空间手法，勾画出了简单的、奢侈的空间。如悠闲的前茶室、简约开放的厨房餐厅、宽大又不失时尚的客厅、犹抱琵琶半遮面的书房、意由心生的后休闲阳台。各空间的融通贯穿营造出的禅意是本空间的精髓。

　　在材料上选用了普通的灰砖、金刚板、原木、墙纸，色彩把控上简单采用了灰、白、咖三色，灯光上使用LED光源，不用主灯，主要采用背光源来营造出一个简单而又不失奢华、安静的都市绿洲，一个具有东方韵味的家。

心灵院落

Inner Courtyard

项目名称：心灵院落 / 项目地点：成都市 / 主案设计：周勇 / 项目面积：360平方米

■ 对称布局，致敬中国传统院落情结
■ 多材质运用，打造现代化居住体验

　　院落文化是中国传统住宅建筑的精髓，几千年来，院落不仅是一个具备功能的物理空间，同时还是国人的心灵归属。中国会馆在产品定位上就是努力在寻找我们失去了的心灵归属，寻找当今国人的梦想家园。

　　我们定位为"河边的院子"，在规划上我们满足了"河边"，在建筑上我们要满足"院子"。"河边"和"院子"就成为了整个项目的灵魂。

　　根据功能的需要，对室内外空间进行重组合成。做到现代功能的传统演绎，但是空间的序列和感受是我们对传统的尊重和传承。户型强调中轴线，从进入院门到家庭厅的后院，两边的房间都比较对称，是有鲜明代表性的中式院落住宅。　进入院门后是门厅。这里原来是庭院的门斗和院廊，和前面的露天庭院都纳入到室内空间，形成空间上的交通节点。在中轴线上，客厅和家庭厅都通过内院围廊与其他房间相连，室外的围廊被中空玻璃封闭。不仅增加了各个房间的联系，还扩大了餐厅、书房和家庭厅的面积。

　　对传统的石材和木材进行再加工和创作，根据设计的需要，本案中出现了同一材质不同厚度的板材和块材。另外对玻璃的安装工艺也做新的尝试，在廊顶使用弧形钢化玻璃的拼装。

豪门大宅
Noble Mansion

项目名称：豪门大宅 / 项目地点：河南焦作 / 主案设计：郭嘉、ANNA / 设计公司：B+SW设计中心

■ 湖光山色中的现代东方寓所
■ 装饰线条始终贯穿，空间若即若离
■ 天然材料铺陈出舒适安逸的生活情趣

　　此项目位于河南焦作的龙源湖国际广场商业街区，对面有无限的湖景，与诺大森林公园为邻，和电视塔隔湖相望，适合生态居住。作为临街的商业别墅样板间，我们将其定位为高端客户群养生休闲居住的场所。

　　在风格上为了配合开发商定位的"豪门大宅"的建筑外观，我们也选择了现代东方式，达到内外统一的效果。

　　一层除了会客餐饮的功能，我们将书房放在一层，也是做了一个主人在家办公的情景设置，二层以主卧、客房、起居室为主，值得强调的是，主卧的连通式卫生间和衣帽间设计，开敞明亮大气。负一层以一家人的休闲娱乐健身为主，由于地下室光线暗淡，我们所有的空间几乎都是开敞式的，SPA池和水景汀步的巧妙结合既解决了交通流线的问题，也丰富了地下室的景观，可以让主人一家充分享受生活的乐趣。装饰线条的语言贯穿整个房间，巧妙分隔了空间，又使空间有机联系在了一起，天然材料的壁纸柔化了空间中的木饰面，体现了自然统一的感觉，线条明快的木制家具配以棉麻质地的软装材料，使空间简洁大方，让未来的主人可以舒适安逸地生活。

大隐于市

Hidden in the City

项目名称：大隐于市 / 项目地点：台中七期 / 主案设计：谭精忠 / 设计公司：动象国际室内装修有限公司
项目面积：248平方米 / 主要材料：喷漆，不锈钢镀钛，自然涂装木地板，洞石，钢刷木皮，墨镜，夹纱玻璃等

- 精致细节衬托完美空间层次感
- 通透的开放空间
- 灯光和材质展现立体质感

　　坐落于台中七期的"精锐-市政厅"，周边各项生活机能完整，交通网路便捷，地处豪宅聚集及百货公司、美食餐厅林立的精华地段，紧邻市政中心，更凸显本案的价值及独特性。

　　空间风格以低调奢华作为主轴，成功人士的住家融合私人招待所的概念为空间发想。打破传统隔间墙的做法，重新思考空间的可能性和极大值，以开放、穿透的手法，并用家具隔间的概念将原有的四个房间重新定义及分配，将室内空间极致化。全区壁面材质使用钢刷木皮涂装，不锈钢镀钛踢脚板与天花沟缝造型收边，带出空间的延续性。进入室内便能了解细节的精致处理并感受空间的张力与层次感。艺术品的呈现更加深了本案的设计深度及艺术涵养。

　　1. 客厅 / 弹性空间 / 收藏室

　　客厅、弹性空间与餐厅空间紧密结合成开放式的起居及宴客空间，数位自动化科技的整合下，三个空间却又各自有着不同的生活机能。客厅的自动拉门，提供了视听影音与艺术鉴赏的舒适空间与方便性。宛如室内花园凉亭的弹性空间，在天花水晶玻璃装置的点缀下的，是男主人的品酒房，也是女主人插花、午茶聊天的小天地；宛如精致家具般的造型高柜，淡化了空间压迫感，更将视线延伸到收藏室空间。透过感应式的大面茶镜自动拉门，再次感受视觉飨宴与科技感；陈列空间丰富的收藏室，提供了阅读、古玩把玩与暂时休憩的舒适空间。

2. 餐厅 / 厨房

开放式的餐厅结合中岛与轻食厨房的概念，加上料理设备齐全的高级厨具，不论用餐或宴客，在家就像置身于高级餐厅，拥有最佳的用餐气氛。独立的热炒区，更能在体验烹饪乐趣的同时，保持餐厅空间的利落和完整性。站在中岛望去，开放式的厨房餐厅结合弹性空间的轴线设计，呈现了开放空间的可能性。

3. 主卧室 / 衣帽间 / 主浴室

透过艺术家的壁面装置，与雕塑品结合的门把，让主卧入口门片隐藏于墙面。与地板颜色相似的木皮由地面延伸至床头与天花板造型，形成最温暖舒服的睡眠区块，大面积的落地窗外，不但是充足光线的来源，也是屋主私人拥有的小花园。衣帽间隐藏于拉门之中，除了基本的收纳，也将屋高特性完全利用，并兼顾灯光设计与收藏机能。主卧浴室空间，不论建材与设备，都在显示豪宅规格，浴室内，更提供屋主人盥洗之外可以沉淀休息的舒服角落，强调本案重视的浴室文化。

4. 浴室

同样隐藏于壁面的浴室门片，提供基本的生活机能与舒适性，立体质感的石英砖。搭配白色洁净的丽晶石地板及台面，大面积的镜面加上灯光设计，让有限的客浴空间也能呈现出不一样的质感与设计感。

写意东方

Cosy Oriental

项目名称：写意东方 / 项目地点：江西上饶市 / 主案设计：童武民 / 项目面积：65平方米

主要材料：墙面瑞嘉地板，格莱美高档墙纸，简一意大利珀斯高灰，月光米黄大理石，地面L&D高档抛光砖，我乐橱柜，沉船木，巴西花梨木家具，天一美佳灯具照明，摩力克帘艺

■ 小空间里，也能呈现东方情境
■ 东方符号的精致组合，营造空间氛围

在60平方米左右空间，不仅要满足居住的功能和舒适，同时还要置入家居品质和文化需求，这是一个命题作文。

稳重中不失现代感，充分利用镂空隔断制造明确的区域划分，大理石与布艺结合。

江南华府
Jiang Nan Mansion

项目名称：江南华府 / 项目地点：上海 / 项目面积：750平方米
主要材料：拼花地板，酸枝木饰面，手绘墙纸，金马赛克，新莎安娜米黄大理石

■ 会所式的高端生活设计
■ 统一贯穿的风格符号
■ 西式与现代并用，巧妙衔接

　　江南华府是现代意义的豪华别墅，居住对象是当今社会最成功的人士，本案着重体现价值感，体现成功者对价值的追求、品质的追求，强调空间的完整性。设计师借用了传统符号改良的"吉祥云"作为空间里的装饰。有价值的东西体现在工艺、材质、细节上。

　　因地处江南古镇朱家角，面对江南特色的大淀湖浓烈的江南水乡气息。在材质上运用了实木、石材和金箔。工艺的要求是传统的民间手工艺，是花了大量的时间做出来的艺术品，是精雕细琢，巧夺天工的。它的不可复制性，就体现了它的独一份，有原创的性质，就增加了它的价值感，在空间的设计上，窗花、顶棚以及楼梯栏杆，都有原创的意味。特别是这个楼梯栏杆的设计，体现的就是传统和现代的结合。现代感的玻璃，是一种简约的做法，但木制扶手又是比较传统的。

　　在形式感上，在连接方面，不取欧式楼梯在转折上直接拿一个柱子做连接的传统方式，而是运用了既不到头，也不到顶的，一种貌似纺锤形态的上下转折的连接。既解决了玻璃不一样的高度问题，又利用了西式与现代并用的做法巧妙地衔接。楼梯的踏步也是运用了中式"万"字符，用喷纱的方式打在大理石上，体现细节都是非常精致的。

　　"云"符号的运用，巧妙地出现在空间的每一个角落，不动声色，却很有特色。楼梯的下面运用现代工艺，古典传统的图案制作的屏风，富贵且典雅。官帽椅做成了金色，而

一层平面图

非传统的木色，茶几上的这匹马，取了唐三彩的形，烧成了白色的瓷。

具有当代性，而非简单的复制传统。既有传统的文化，又有当代的色彩，所以，在空间里就会非常的融洽。设计师在做设计的时候，切忌在中式的空间里，单纯的用古典的东方物品或窗格来做装饰，且冠其名为新中式，没有经过思考的，简单的罗列不分环境、不分形式。

在这套空间里面，需要被挖掘更高的生活品质，在地下室里就得到了很好的体现。SPA，起居、会客厅、酒吧娱乐等都集合在这里，就好比一个私人的会所一样，可以接待很多的宾客、朋友，健身、下棋、打牌、沐浴按摩等等一系列的休闲活动都可以在这里完成，如果设计师考虑不周全、不周到的话，就会浪费了空间，体现不了住宅本身的价值。在SPA空间里，安排了顶级的按摩体，可容纳四五个人同时在里面沐浴，这样的场所，一定得需要有一个休息，谈天论地的起居场地，喝着红酒欣赏着底院的美景，小区又提供五星级的私人按摩师上门服务，是何等的尊贵。

二层平面图

情韵中国

The Rhyme of China

项目名称：情韵中国 / 项目地点：广州 / 设计公司：萧氏设计装饰

■ 几何元素的充分展现，弱化纯中式的感受
■ 柔和的色彩对比，跳脱中式的生硬感

　　这套设计依旧走的是新东方主义风格的路线，客厅背景的中式花格，不是纯粹的元素堆砌，而是通过对传统文化窗花的认识，将现代的几何元素和传统元素结合在一起，以现代人的审美要求来打造富有传统韵味的空间，让传统艺术在当今社会得到合适的体现。

　　紫色的餐布，墙上的两盏中式壁灯，餐桌上的饰品都在诠释着这个风格新旧文化的对话。不是完全的统一，也不是完全的对比。太过于统一又乏味，太过于对比就显得凌乱。

　　通入阁楼的扶手栏杆，采用的是"吉祥云"的传统文化符号，用现代的技术印在清玻之上，仿佛白白的云朵漂浮在空中。这种风格的传统文化特色，既适合现代人生活，整体典雅、庄重，又不像中式古典风格那么生硬。这是在对中国文化的充分理解基础上的当代设计。

宜春锦绣山庄

Glory Mountain Villa

项目名称：宜春锦绣山庄 / 主案设计：陈志 / 设计公司：鸿扬集团 陈志斌设计事务所 / 主要材料：黄洞石，墙纸，陶瓷马赛克

■ 明月山间——诗画般的宁静之美
■ 曼妙的灯光效果
■ 华丽柔和的材质搭配

东绵碧翠，明月山间，将近时，忽现锦绣山庄。

　　人所向往的与世无争的桃源胜境就在眼前，休闲而自然，品位而亲切。精致而惬意的生活围绕着中庭展开，运用曼妙的灯光，中式的家具，华丽的材质，对比的色调表现出当代中式家居的宁静之美。

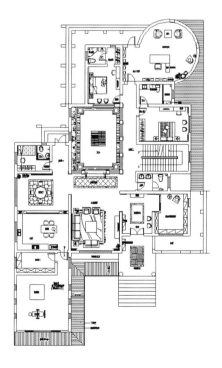

一层平面图

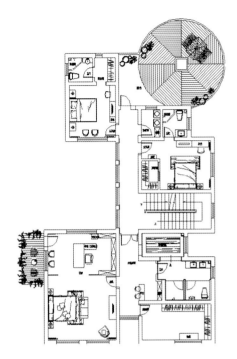

二层平面图

燕西华府
Yan Xi Hua Fu

项目名称：燕西华府 / 项目地点：北京西六环青龙湖 / 主案设计：琚宾 / 项目面积：846平方米

■ 璞玉气质，契合故宫经典建筑风
■ 复古窗棂，点映出微妙空间关系

　　以"玉蕴"为概念，将璞玉的气质与故宫的传统经典建筑形式，结合度假的自然感觉，透过玉石、木纹、金属、壁布等材料的砌合，表达当代东方美学气质。

　　将当代与东方，时尚与经典，内蕴与大气，共融为独特的东方美学气质，从线条到材质，从色彩到空间布局，将精致的细节与品质融入到空间中，来展现一种精致东方精神。

　　在空间的设计形式方面则从玉的五种自然属性来入手，将玉的质地、光泽、色彩、组织、以及意蕴与空间的形式、材质、色调、景观一一对应。户外景观的自然设计，移步换景的手法，给空间带来了丰富多变的视觉延伸。

　　坚韧的质地，空间中强调竖线线条与空间体块微妙的层次之美。晶润的光泽，应用漆面、玻璃、金属质感的材质等材料的运用，强调当代时尚与玉质的碰撞，呈现出符合当代审美情趣的空间。灵动的色彩，空间中软装方面以优雅精致的面料和丰富的材质交相辉映，呈现空间的当代与雅致。致密而透明的组织，将传统建筑窗棂的形式重新解构，形成半透与不透的层次关系。舒畅致远的声音，中庭自然的水体与光的倒影形成空间中的空间，似一曲"趣远之心"。可观，可游，可赏，体现度假式的自然。

80后的中式生活
80s'Chinese Life Style

项目名称：80后的中式生活 / 项目地点：杭州浪漫和山 / 主案设计：吕靖 / 项目面积：350平方米

■ 80后的中式生活主张
■ 简单材料的肌理化、符号化
■ 装饰艺术的功能化

年轻一代对传统文化的传承和新视角。挖掘更多中式传统文化。

传统家具的改良，更加适用于现代人的生活。不同功能空间绽放出不同感觉，追求更多感官享受。注重简单材料的肌理化，符号化运用，装饰艺术功能化运用。对有海外留学背景的80后，非常贴合想要的生活场景。

紫檀宫

Red Sandalwood Palace

项目名称：紫檀宫 / 项目地点：长沙山水英伦 / 主案设计：陈志斌 / 设计公司：鸿扬集团 陈志斌设计事务所
项目面积：512平方米 / 主要材料：铁力木，紫彩麻，爵士白，黄洞石，墙纸，陶瓷马赛克

■ 宫廷式的居住享受，紫檀的艺术殿堂
■ 花格条屏，点缀文化主题，让紫檀雕刻发散沉静魅力

府中颇多收藏，花梨、鸡翅，当然，最多的还是紫檀，缅甸的、印度的，慢慢集成一个系列，既可实际使用，又可鉴赏把玩。于是，就以此为设计主题，成为别墅典雅的名字。

空间尽情挥洒，简约大度，辅以些许元素，花格条屏，点缀文化主题，让紫檀雕刻沉静发散魅力，移步见景，变幻无形，令人流连。

于是家，成了紫檀艺术的殿堂。

荷塘月色

Moonlight

项目地点：荷塘月色 / 主案设计：巫小伟 / 项目面积：250平方米
主要材料：LD瓷砖，久盛地板，西门子厨房，老板，吉步，协和

■ 庄重与优雅的双重气质
■ 息息相关的空间联系，满足多层次的生活需求

　　复式的房子近几年来在城市里大行其道，这种结构的房子本身空间较大，每户都有较大的采光面，通风较好，布局紧凑，功能明确，相互干扰较小。虽然没有别墅的奢华，但是经过设计师的巧手装扮，也能体现出别墅的大气。本案为复式加阁楼，总面积达250平方米，空间本身较大。但是，如何把这三层的空间巧妙和为一体，既满足主人的生活需要，又满足其审美需要，仍旧是需要大费周章的。

　　古典与现代并存。业主本身从事雕塑设计，本身对形体的塑造和空间的审美都有一定的见解。在充分了解到业主两代人的生活需求和共同的审美追求后，设计师把此案的整体风格定位为现代中式。近几年来现代风格的建筑和室内设计风格盛行，甚至已经到了目不暇接的程度，但是，中国人骨子里的那份中式情结却永远是挥之不去的，特别是功成名就后的人们，更是喜欢中式风格里面的那种含蓄、典雅和天人合一的和谐。但是，如果是纯中式的，或明或清的古典风格，却又在一定程度上给人沉闷与沧桑感。于是，现代中式应运而生了。

　　本案为业主两代人共同拥有，无论是现代还是古典，都在一个空间里和谐并存，设计师运用现代手法重新设计组合把中国传统室内设计的庄重与优雅双重气质很好地体现出来。

一层平面图

　　无论多大的空间，首先要满足的是各个空间的功能性。设计师首先考虑的是功能区域的划分，在多方协商后，根据主人的要求和房子本身的特点首先进行了房屋结构的改造和功能区域的细分。设计师最终将房子的三层空间分成三个不同的主要功能区域：第一层主要是会客区和公共活动空间，包含了客厅、客卧和厨房三个不同的功能区域，满足了主人交际会客的需求；二楼为主人的私密空间，设有主卧、书房、茶室等几个区域；阁楼的空间则被设计成娱乐休闲和贮藏区，包含了影视厅和贮藏室。三层空间各有其不同的功能性，通过楼梯的连接形成一个息息相关的整体，既层次分明又密不可分。

　　在餐厅的设计上，设计师在一边的墙和顶上运用荷的元素。一朵亭亭玉立的荷花优雅绽放，墨绿色叶子铺满了整个茶镜，荷花是绽放在顶上的，花瓣鲜艳欲滴，整个背景如同一幅精雕细琢的工笔画，充满了中式元素的典雅。中式元素在整个空间里随处可见，客厅里的镂空花板、电视背景的文化墙、中式移门、镂空楼梯等等无一不在彰显中式情结。空间里一些家具的选购却是以现代风格为主的，客厅的沙发组、房间里的寝具等的选购均体现了现代家居的时尚与轻巧，现代简约的风格和中式风格并存，散发出独特的魅力。

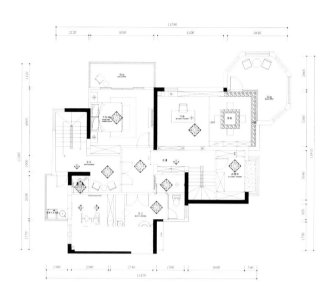

二层平面图

龙之宅
Long House

项目名称：龙之宅 / 项目地点：山东济南 / 设计公司：上舍（济南）别墅设计事务所 / 项目面积：230平方米

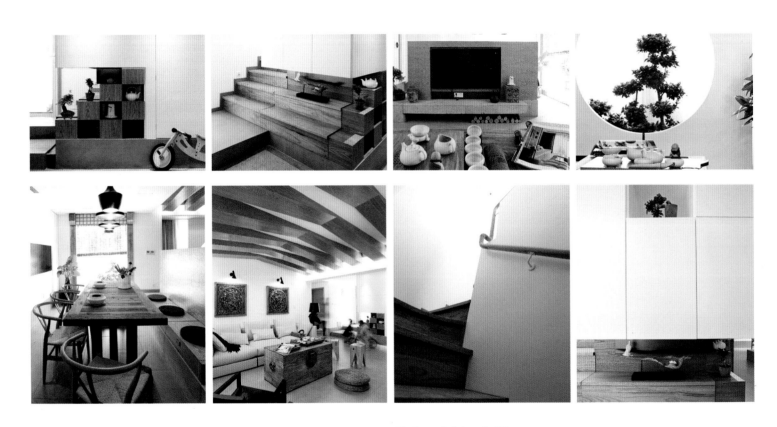

■ 朴素、克制、自然
■ 灰砖、白墙搭配原木色
■ 复古情结的香樟木老木箱

　　业主是年轻人，不喜欢过多的装饰，还是把使用功能摆在第一位，居住其中能够得到心灵的宁静，体现主人崇尚自然的生活态度。

　　本案旨在透过东西方文化的剪辑与交流，诠释空间的虚与实，用现代的设计手法，表现传统东方文化的意境，并体现佛教中禅的哲学及与之相关的价值观——朴素、克制、自然。

　　设计围绕作为交通枢纽的楼梯展开，无论从哪个空间看楼梯间，都是别有一番景致。客餐厅电视墙和固定座椅的处理合理利用了空间，同时也为客厅提供了一个观赏平台。主卧室和书房通过半圆形隔断分隔，隔断的处理有意无意中体现了悠悠古风禅意。

　　灰砖、白墙搭配原木色，与现代风格的家具没有半点突兀，几件中式收藏点缀其中，整体风格古朴自然又不失现代感。

　　木花格、香樟木老木箱是主人的收藏，带有浓厚的中式味道，设计师融合现代观念加以组合，中式元素成为一种文化符号，悠然自得的出现在现代化的生活空间中，形成了过去与现代、时间与空间的对话，仿佛在诉说着过往曾经。东方文化讲究天人合一，自然界中太多的东西给我们以灵感，春夏秋冬，四季更迭，我们的生活空间也会随之改变。本案中，设计师注重将自然环境引入室内，风雨声、流水声如同背景音乐，与室内的灰砖白墙、原木家具以及盆栽等各类清雅陈设相得益彰，使人在充分享受生活之美的同时，领略自然界带给我们的启示。

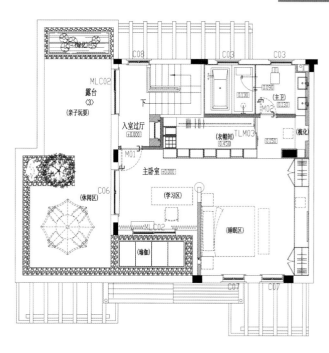

四层平面图

摩登中国
Modern China

项目名称：摩登中国 / 项目地点：河南南阳市 / 主案设计：刘非 / 项目面积：300平方米

- 优雅金和中国红的绝妙搭配
- 黑白市质地板的几何魅力
- 体现出新中式的似是而非感

将摩登时尚与厚重中原文化有机结合，打造一种全新的东方式生活方式。

经典的黑白拼，再现了欧洲贵族生活的奢华，但此次主体环境却是以中式为背景的。扩大了餐区的有效使用面积，增加了大露台等空间功能。

使用了木质地板的黑白拼色，融合当地汉画文化的护墙板定制。给使用方提供了一种全新的生活方式。

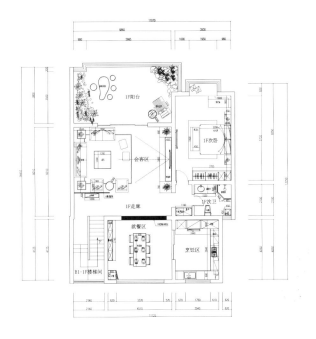

一层平面图

二层平面图

新禅意的空间智慧
Smart & Zen space

项目名称：新禅意的空间智慧 / 项目地点：上海 / 主案设计：葛亚曦 / 项目面积：125平方米

■ 极简的线条与淡雅的纯色相搭配，质朴却不失品位
■ 摒弃了常用的低反光、粗朴质感的材料
■ 整体气质显得更为精致与高贵

　　东方的静谧安逸和简约利落的现代风，有着同样的精神诉求——"少，即是多"。在这样特定的空间环境下，除却繁冗雕饰脂粉皮毛，只剩下禅意的风骨和博大的空间智慧。生活本真的气度在这样的居家环境中酝酿升腾。这也与中国古人对居住环境提出的"删繁去奢，绘事后素"的理念不谋而合。

　　最初的设计概念定位为：东方禅意。设计师希望用极简的线条与淡雅的纯色相搭配，创造质朴却不失品位、含蓄但不单调的生活氛围。但是整个硬装是目前主流市场比较常见的手法，金属及反光材质的运用，让空间有着华丽的诉求。如何让"禅"这种出世的意境在环境中得以体现，是设计之初需要解决的问题。

　　在很多地方，例如书房及男孩房的天花处都巧妙地设置了收纳功能，而且用不封闭的墙体作为两个空间的隔断，使各个区域更加连贯和通透。

　　与传统表现禅意的手法不同的是，此次在材质的选择上，摒弃了常用的低反光、粗朴质感的材料，而使用较为细腻、缜密的木及金属等等。空间的整体气质显得更为精致与高贵。

　　整个空间有着独特的气质：简、精致、温暖。没有繁复的细节，没有奢华的格调。

云砚

Yun Yan

项目名称：云砚 / 项目地点：台湾台中市 / 主案设计：张清平 / 项目面积：235平方米

■ 灯饰、花艺、窗花，种种精华元素轮番演出
■ 布、石、金属，各类质材展露各自端庄

空间中每一个细节的安排，是对生活的热爱转成不一样的细腻，是刻意的空间退缩，让厅与院融为一体，成就更宽阔的视野；是自然风情的植栽，形成生活隐私的自然屏障，让家在城市中也能感受到为宁静生活所构思的规划。

丰饶的感官体验，让空间使用者能身临其境，涵养以东方美学为主、欧陆浪漫为辅的折衷人文概念。

简敛素朴，是一种极限精简而内蕴浑厚，由外而内皆臻和谐的态度，在大器壮阔的布局里，让木、石、金属等各类质材，展露各自的肃穆与端庄，轻盈游走的干净线条，既有现代的精准，也有来自中式窗花的抽象表述，将暖暖内涵的人文坚持，婉转铺陈于每一个角落。

为打造一处让感官之美更有深度的作息环境；透过多种材质、和谐色彩、细腻工法，凝聚迎宾餐厅与生俱来的情境氛围，并经由对称格局、改良自宫灯的大型灯饰、花艺、中式窗花图腾等种种精华元素轮番演出，精彩诠释如时间停格般的宁谧与恒久，仿佛世间的美，都浓缩在这方圆顷刻。

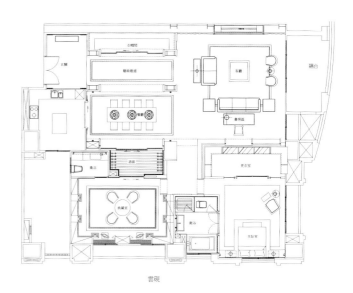

雲硯

一层平面图

怅卧裕衣夏黄昏

Twilight in Summer

项目名称：怅卧裕衣夏黄昏 / 项目地点：江苏苏州 / 主案设计：萧爱华 / 项目面积：250平方米

■ 文人万千情怀与东方人的审美情趣完美结合在一起
■ 琴棋书画展现内敛含蓄的东方浪漫

本案延续建筑设计风格以及当代东方生活形态与时代形式的探索，将东方空间精神注入过于西化的空间主流思考中，以谋划一种当代华人独有的生活样貌。

历史得以传承，中国的琴棋书画总是那么惬意唯美，一张纸两点墨简单的组合却能表达人们最细腻的情感，洁白的纸上蕴染着豪放的泼墨与纤细的白描，文化人的万千情怀与东方人的审美情趣完美结合在一起。

本案以琴棋书画为主题探讨东方现代的生活方式，既有传承又有发扬，即内敛含蓄又不失浪漫的意境。

本案首先将原有的建筑空间优化，务求让空间张弛有度，再以素雅的暖色调为主，同色系的材质相互穿插，既有对比又很协调。

现代设计手法的灵活运用将某些传统的装饰符号重新铺排，让其体现东方现代的文化底蕴，也更贴近当代东方人的审美情趣，整套方案注重风格与建筑的延续性，装饰朴素雅致，构成文人居士理想的生活空间。

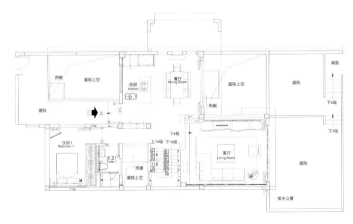

一层平面图

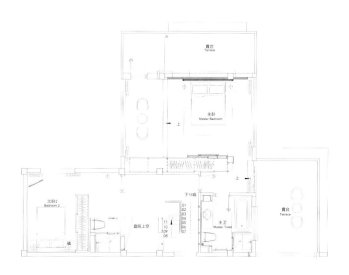

二层平面图

空山新雨
Rain in Mountain

项目名称：空山新雨 / 项目地点：山东泰安市 / 主案设计：岳蒙 / 设计公司：济南成象设计有限公司 / 项目面积：165平方米

■ 咖啡色为主色调，富有生命气息的绿色跳跃每个角落
■ 有种"空山新雨后，天气晚来秋"的清朗与惬意
■ 造型富有张力的太湖石，整排亚克力红酒架大气而独特，镜面电视现代而时尚，整个空间瞬间鲜活起来

　　"山居"是一种生活方式，远离尘世的喧嚣，颇有隐居于此的静谧。

　　生活的内容感来自于细微的感动，用色彩来协调空间的存在是一种生活态度，本户型在色彩上主要以咖啡色为主色调，富有生命气息浓重的绿色跳跃于空间的每个角落，有种"空山新雨后，天气晚来秋"的清朗与惬意。

　　主卧整体空间很开阔，窗户采光非常棒，阳光照进来，整个房间洋溢在一片暖融融的氛围里。鸟笼花开把自然的气息带入室内，静谧的美带给人们一份意外的收获，与自然结合便有裸心的洒脱。坐在窗边喝茶、看书、冥想都是非常不错的生活体验。

　　床头装饰画禅意十足，黑色鹅卵石跌落激起一圈圈麻绳造型的水晕，打破整个空间的宁静，"静中有动"，使整个空间有一种活跃的氛围，生气勃然。可以活动的皮革衣柜把衣帽间和卧室若隐若现的隔开，突破常规的布局方式，满足功能需求的同时又新颖独特。推开门，首先映入眼帘的是客厅与走廊交界处极具欢迎性造型且富有张力的太湖石，秉承泰山的文化，延续泰山的地域特色，太湖石是最具代表性的选择。

　　餐厅部分与客厅含情而望，夹丝玻璃使餐厅与走廊隔而不断，整排亚克力红酒架大气而独特，镜面电视现代而时尚，最惹眼的是餐桌中间大盆热烈的黄色跳舞兰，热烈的黄使整个空间瞬间鲜活起来，更呼应了厨房的热情，把女主人在厨房为一家人忙碌的热情传递给整个空间，一个充满爱的家才是温暖和幸福的，一个有热情的家才是心灵停靠的港湾。

　　此户型带给人们的是超脱繁杂喧嚣的"山居"生活，来到这里，生活不仅仅是为了买套房子，买的是宁静的生活方式，裸心的生活态度。

犹梦依稀淡如雪

Light Snow

项目名称：犹梦依稀淡如雪 / 项目地点：江苏 苏州市 / 主案设计：萧爱彬 / 设计公司：萧氏设计
项目面积：331平方米 / 主要材料：方钢，浅灰色玻化砖，得高软木

■ 东南亚的禅意与现代空间手法熔炼于一体
■ 芭蕉树影透过纱幔投射地面，安谧参禅的氛围尽现眼底
■ 原生态的木饰面及文化石、砂岩石，搭配纱幔、棉麻布艺
　等，拉大材质间的对比

　　楼盘景色一流，麓山水岸，聆听击水。本设计一方面保留了传统东南亚风格的元素，另一方面加入现代材料的软硬对比，将东南亚的禅意与现代空间手法熔炼于一体。

　　门即是敞开式西厨，利用统一的饰面从顶面至入门鞋柜强化西厨与门厅的空间关系，使面积不足的空间借由"分享"视野来放大住宅格局。透过纱幔若现的禅意雕像静立在客厅主入口。

　　步入下沉式客厅，阳光投射，树影婆娑，芭蕉树影透过纱幔投射地面，安谧参禅的氛围尽现眼底。餐厅大面积的落地窗借以庭院绿林景色，呼应室内固定盆栽，形成自然写意的生活情境。

　　地下室空间尤为突出东南亚的异国风情。开放式按摩室用帘幔的方式围合遮挡，衬以芭蕉叶形的装饰背景与庭院外斑驳的树影营造出浓厚的东南亚风情。SPA空间以砂岩石配以大面积的松木板吊顶，呈现出SPA会所级别的奢华感受。

　　本案注重建筑内部与外部环境的衔接。在通风采光得到优化的同时，栅格、纱幔的围合遮挡又确保了可放松身心的空间所必备的私密性。装饰材料上应用原生态的木饰面及文化石、砂岩石，搭配纱幔、棉麻布艺等，尽可能拉大材质间的对比，从而更为强调出从古至今东方风格的转变发展，并营造出静穆平和的禅性意味，谦静自若。

一层平面图

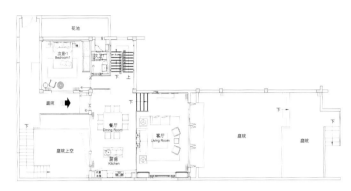

二层平面图

东方风韵

Oriental Charm

项目名称：东方风韵 / 项目地点：江苏省常州市 / 主案设计：董龙 / 项目面积：500平方米

■ 在现代的空间和局部点缀中式元素体现禅意的空间
■ 突破思想，围绕一个中心，使得作品整体
■ 提倡环保，选用原市家具，环保材料

从画面上看美观、整体，业主使用也很方便。这两点相结合就是
完美。在现代的空间和中局部点缀中式元素来体现禅意的空间。突破
思想，围绕一个中心，使得作品整体。提倡环保，选用原木家具，环
保材料。

简单的古典
Simple Classical

项目名称：深圳邝总半山别墅 / 项目地点：深圳市 / 项目面积：50平方米 / 主要材料：墙纸、大理石、仿古面实木地板等

- 整体体现简练、幽雅而不失亲切的生活环境
- 保持功能美观和谐的条件下，允许个性化的创造与表现
- 没有赋予其太多复杂的装饰，整间屋子营造出一种简单的古典

　　本案整体体现简练、幽雅不失去亲切的生活环境。它追求的是一种更简单、更安静的家庭环境。既有实用性又颇为舒适，并在保持功能美观和谐的条件下，允许个性化的创造与表现，在我们现代化快节奏的生活中，满足精神上和审美上的需要。

　　在本案的设计中，没有奢华的装饰，新东方的设计，清爽的空间，巧秒的颜色搭配，合理的配饰，为主人营造了舒适人性化的居家环境，呈现的是一种简单大气，但又不乏写意的空间

　　设计师在强调舒适的基础上，并没有赋予其太多复杂的装饰，整间屋子营造的是一种简单的古典。几处花瓶、陶罐，两幅挂画的特别点缀就让屋子显得别致起来，散发一种动人的潜在魅力，又而不会打破房间的宁静。暖色系的运用使空间显得格外时尚、幽雅。

　　在建筑格局上，打开原先呆板的格局，拓宽了客厅的视线，给视觉带来一定的延伸，体现了主人的个人品位与高品质的生活。

浑然天成
Natural Beauty

项目名称：浑然天成 / 项目地点：台北市 / 主案设计：徐慧平 / 项目面积：400平方米

- 玻璃屋的设计，让全室充满来自大自然的清新静谧
- 体贴流畅的格局和动线配置，将空间塑造成一个生动的舞台
- 空间中的艺术品彼此间以及与环境之间的关系，得到最适切的安排

　　为了不浪费这独天独厚的环境条件，将120坪的空间重新赋予新意，除了将屋子的衣角规划为为玻璃屋的形式，通透的玻璃从一楼延伸至三楼，俨然成为建筑与环境的交接隧道，尤其二楼的客卧及三楼主卧卫浴也被安排在玻璃屋的位置，让全室充满了来自大自然的清新静谧。

　　在这处绿意盎然的别墅中，融入体贴流畅的格局、动线配置，将空间塑造成一个生动的舞台，搭配对比平衡的色彩与天然素材，辉映精选家具和别致的灯光计划，同样满足感官与视觉的所有欲望，也具体实践自然休闲、和精致优雅兼容并蓄的新生活美学。

　　于一楼入口处，因堪舆忌讳及空间更完整运用等双重考虑，设计师将通往前院的大门转向，巧妙的消弭了楼梯直通出入口的忌讳，也因之价大客厅的面积，特别是在入口处天花饰板以原木栅栏设计，不仅可以和前院通往地下室楼梯上的原木栅栏相呼应，更替客厅向外望的苍穹绿意增添了不少意境。

　　屋内的艺术收藏为数众多，雕刻、雕塑、古董、画作　，所以在设计之初设计师便对这些艺术收藏进行了解，并选择部份收藏入屋内设计中，从品项、风格、尺寸、用色及材质各层面来思量，使得空间中的艺术品彼此间以及与环境之间的关系，都能得到最适切的安排。

　　公共空间以黑白纯色搭配深色柚木的沉稳低调二楼与三楼的休憩空间则加入浅色系橡木洗白。

　　建筑的侧边使用落地窗，不仅仅把屋外的自然环境带入了室内，而三面美景环抱巨大方形汤池，上方类似阳光屋的设计，为视觉带来无比的明亮与置身原野的想象，不仅如此，全室还运用了许多环保的建材。